Sitzungsberichte
der Heidelberger Akademie der Wissenschaften
Stiftung Heinrich Lanz
Mathematisch-naturwissenschaftliche Klasse
Jahrgang 1927. 12. Abhandlung.

Die direkte gebirgsgetreue Übertragung der auf dem Universaldrehtisch gewonnenen Messungsergebnisse gebirgsorientierter Schliffe in das Diagramm.

Von
L. Rüger
in Heidelberg

(Mit 5 Figuren im Text)

Vorgelegt in der Sitzung vom 23. Juli 1927
von Herrn Salomon-Calvi

Berlin und Leipzig 1927
Walter de Gruyter & Co.
vormals G. J. Göschen'sche Verlagshandlung / J. Guttentag, Verlagsbuchhandlung / Georg Reimer / Karl J. Trübner / Veit & Comp.

Die direkte gebirgsgetreue Übertragung der auf dem Universaldrehtisch gewonnenen Messungsergebnisse gebirgsorientierter Schliffe in das Diagramm.

Es dürfte nur eine Frage kurzer Zeit sein, bis sich der Universaldrehtisch (U. T.) als wesentliches Forschungsmittel für tektonische Arbeiten allgemeiner einführt, als es bis jetzt trotz der grundlegenden Arbeiten von B. Sander und W. Schmidt der Fall ist.

Im Prinzip bedeutet dies nichts anderes als die Anwendung des von B. Sander geforderten Grundsatzes: die Deformation des Kleingefüges zum Ausgang der Gesamtdeformation des beanspruchten Körpers zu machen. Darin wurzelt letzten Endes Sanders Begriff der Tektonite (siehe Sander 1926a). Es ist darin weiter in erster Linie die Forderung der Einheitlichkeit tektonischer Vorgänge zu sehen. Dies besonders hervorzuheben ist deshalb vielleicht nicht unzweckmäßig, da man in letzter Zeit öfters die Bezeichnungen Makrotektonik und Mikrotektonik hört, womit der Eindruck erweckt werden soll, als handle es sich hierbei um zwei prinzipiell verschiedenartige Gebiete, die nichts miteinander zu tun haben. Wobei übrigens darauf hingewiesen sei, daß, wollte man etwa die Sichtbarkeitsgrenze für das unbewaffnete Auge als Grenze annehmen, es doch eine Reihe Erscheinungen gibt, deren Erfassung beiden Beobachtungsmöglichkeiten zukommt. Mit einer solchen Zweiteilung wird die Tektonik in einen nicht gerade erfreulichen und ihr förderlichen Dualismus gedrängt, wobei bedauerliche Gegensätzlichkeiten unvermeidbar sind.

Dies schließt nicht eine andere Zweiteilung in der Fragestellung aus, wie dies in den Arbeiten von Sander und Schmidt auch der durchgehende Leitgedanke ist. Zum ersten ist es die technologische Betrachtungsweise des Deformationsaktes. Das Ausgangsmaterial bildet das im Kleinobjekt gegebene kinematische Formbild. Die Frage nach seiner Dynamik involviert den zweiten Teil obiger Fragestellung: die geotektonische Betrachtung.

Beides ist untrennbar verbunden. Darin aber liegt gerade die Einheitlichkeit tektonischer Betrachtungsweise, und man wird ihr in erster Linie dadurch gerecht, daß man rein arbeitsmethodisch sich beide Gesichtspunkte zu eigen macht, was zugleich ausschließen soll, immer wieder zu betonen, daß zwei wesensfremde Gebiete vorliegen, die einer besonderen Verknüpfung bedürfen.

Es sollen indes diese Fragen jetzt nicht weiter erörtert werden, um so mehr, als sich bei anderer Gelegenheit dies an Hand eines Beobachtungsmateriales besser ermöglicht.

Eine wichtige Aufgabe aus diesem gesamten Fragenkomplex ist die der Raumorientierung der gefügeanalysierten Gesteine. Über den Stand dieser Fragen sei auf die Arbeiten von Sander (1926b) und W. Schmidt (1925, 1926) und Becke (1924) hingewiesen. Es ist nun die Frage, für welche Zwecke diese Raumorientierung verlangt wird. Hier läßt sich die bisherige Fassung vielleicht noch erweitern. Die von W. Schmidt zunächst geübte rein technologische Betrachtungsweise an alpintektonitischen Gesteinen legt als Hauptbezugsrichtung gebirgsorientierter Schliffe Streckung und Schieferung zugrunde. Die Streckung ist für ihn ein „technologisches Formglied", ihr Fallen dagegen ein „morphologisches" Formglied. Um von vornherein die wahrscheinlichen Symmetrieelemente in übersichtlicher Lage im Diagramm zu erhalten, ist bei der Schliffwahl auf eines dieser Elemente abzustellen.

Schliffebene ist Bildebene. Die Regel ist, daß der Schliff bei seiner Ausgangsstellung auf dem U. T. sowohl Änderungen gegenüber dem astronomischen Azimut als Polhöhenänderungen (aus der Fallrichtung in die Horizontale gedreht!) erfährt. Es gibt aber nun eine Reihe Fälle, wo es von größtem Interesse ist, die wirkliche Lage der in einem Schliffe vermessenen Daten zu kennen. Es handelte sich z. B. um die c-Achsen einachsiger Mineralien.[1]) Wie ist deren „Streichen und Fallen"? (wobei diese Ausdrücke absichtlich zur Anwendung gebracht werden, um das tektonisch Interessierende zu betonen!). Das Streichen also ausgedrückt durch die Horizontalprojektion.

Dies zu wissen ist vor allem dann von Interesse, wenn es sich darum handelt, direkt vergleichbare Bilder mit einem Kluftdiagramm zu bekommen. Ich werde an anderer Stelle noch ausführlicher zeigen, daß man zweckmäßig die von Sander und Schmidt verwendete gefügeanalytische Darstellungsweise auch mit Vorteil auf die Kluftdarstellung verwenden kann. Sehr wünschenswert ist es nun, daneben ein direkt vergleichbares Bild des Gefügediagramms zu haben. Dies ist bei den bisherigen Diagrammen nicht direkt möglich. Da Bildebene gleich Schliffebene ist (wobei man ja von dem seltenen Falle absehen kann,

[1]) Sinngemäß übertragbar auf die übrigen Daten welche bei gefügeanalytischen Arbeiten zur Darstellung gelangen.

daß die Schieferung horizontal sein soll und der Schliff / / der Schieferung liegt, so daß man auf dem Diagramm die Haupthimmelsrichtungen in normaler kartographischer Orientierung angeben kann), läßt sich nur eine einzige Bezugsrichtung angeben, und es ist schwierig, sich dann das ganze Diagramm um die entsprechenden Azimute und Polhöhen bis zur Ausgangslage gedreht zu denken. Diese Schwierigkeit fällt bei der im folgenden gegebenen Ausführung weg. Es handelt sich also wie gesagt darum, durch bestimmte Operationen die Messungsergebnisse direkt in einem gebirgsgetreuen Lageplan darzustellen.

Die Lösung ist prinzipiell auf zwei Wegen möglich: entweder rechnerisch oder graphisch. Der rechnerische Weg ist für einfache Fälle leicht, wird aber für den allgemeinen Fall etwas umständlich.

Sander und Schmidt schlugen den ersteren Weg (graphische Ermittlung) in Form der konstruktiven Rotation der Diagramme ein, also wo es etwa galt, Symmetralen irgendwelcher Art zu finden (Sander 1926 S. 358).

Unser Zweck aber soll es sein — was sich als wünschenswert erwies — ein fertiges Gefügediagramm gebirgsorientierter Art zu haben, um einen dauernden Vergleich mit einem in ebensolcher Weise angefertigten Diagramm anderer tektonischer Elemente ohne große Mühe zu ermöglichen.

Um sich die folgenden Ausführungen zu veranschaulichen, bediene man sich am besten einer Kugel mit eingetragenem Gradnetz und des U. T. selbst. Auf der Glasplatte bringe man mit etwas Wachs eine Nadel an, welche die c-Achse eines einachsigen Minerals darstellen soll. Nun kann man alle Bewegungen ausführen und sich dabei über die Wanderung der Achse orientieren. Die Kugel dient dann zur Vorstellung, wohin die Projektionspunkte fallen.

Die Technik der U. T.-Messung wird als bekannt vorausgesetzt, sie ist zur Genüge in den Arbeiten von W. Schmidt (1925, 1926) und B. Sander (1926) dargestellt. Zur Erinnerung sei nur bemerkt, daß die Achsenlage aus den Ablesungen an dem Limbus von A_1 (gibt Azimut) und an dem von A_2 (gibt Polhöhe) bestimmt ist. Außerdem werden die Achsen A_4 und A_5 zur Einstellung in Dunkellage bzw. Prüfung, ob Pol- oder Äquatorlage vorliegt, verwendet. Ausgangsstellung siehe bei W. Schmidt (1925).

Bei der Projektion denke man stets daran, daß man sich den Sehpunkt in den Zenith gelegt denkt, es gelangen also die Punkte der unteren Halbkugel zur Darstellung. Dies zu betonen ist nicht unwesentlich, da man in der Mineralogie gewöhnt ist, bei der stereographischen Projektion sich den Sehpunkt in den Nadir gelegt zu denken, dargestellt werden also die Punkte der oberen Halbkugel.

Das Handstück wird in der Weise vorbereitet, wie es auch W. Schmidt angibt. Es wird also die mit dem Kompaß festgestellte Richtung (korrigiert) angegeben. Dann achte man zweckmäßig auf etwas: man kitte das Schleifstück so auf den Objektträger, daß die Streichrichtung // der langen Kante geht. Dies erspart nämlich, wie sich noch ergibt, spätere Umrechnungen.

Beginnen wir mit einem Beispiel. Die korrigierte Kompaßangabe lautet 0 mit 50 E-Fallen. Von diesem Handstück hat man sich das Schleifstück so aufgekittet, daß die NS-Richtung // der großen Kante ist. Selbstredend muß man außerdem die Richtung von N kennen, die besonders hervorgehoben wird, etwa durch Aufsetzen eines Pfeiles, wie dies Fig. 1 zeigen soll. Man erleichtert sich übrigens das orientierte Auftragen, indem man sich am Schleifsplitter eine der Streichlinie // Kante anschleift. Jederzeit weiß man nun, wie der Schliff in der Natur lag.

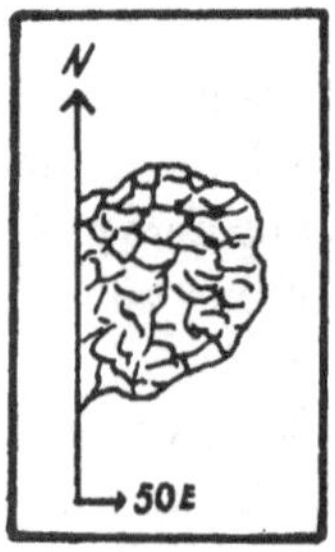

Fig. 1.

Der Schliff wird nun auf den U. T. gebracht. Nun hat man sich zu überlegen: das Azimut in der Natur betrug 0 (N—S-Streichen). Man hat den Schliff so auf den Tisch gelegt, daß sein N vom Beschauer wegweist. Der Tisch ist in Ausgangsstellung, Limbus A_1 zeigt also 0. Also: astronomisches Azimut und Azimut des Limbus A_1 betragen beide 0. Das wird im ersten Augenblick stutzig machen: das 0 der astronomischen Bezugsrichtung liegt doch am N-Punkt. Aber zum Auftragen ist 0 am S-Punkt (siehe die Ausführungen über das Auftragen der Klüfte). Man muß sich also in Gedanken stets erinnern, daß man es mit zwei Normierungen zu tun hat.[1])

Nun das Netz. Auf dem Oleat, das über dem Netz aufgelegt ist, bringt man zunächst das Signal für die Azimutalabtragung an, es sei der obere Pfeil in Fig. 2. Er liegt in Ausgangsstellung auf 0 des Netzes.

Man merke sich nun weiter: die Normierung des Netzes ist gleichsinnig mit der Normierung des Instrumentes. Also für die Azimute:

Unten (0) — links (90) — oben (180) — rechts (270).

[1]) Die Darstellung der Klüfte in dieser Weise liegt in einer fertig abgeschlossenen Arbeit vor, deren Veröffentlichung sich aus verschiedenen Gründen verzögerte. Da aber Wiederholungen vermieden sein sollen, muß ich leider auf diese später erschienene Arbeit verweisen, welche sachlich jedoch zweckmäßig vorher kommen sollte.

Für die Polhöhen: bei dem linken Wrightschen Bügel geht die Normierung von links (0) nach rechts (90 °), die Normierung schon früher aufhörend, da Messungen bei dieser Steilstellung nicht mehr möglich sind. Auf dem rechten Flügel umgekehrt. Ganz sinngemäß erfolgt die Normierung des Netzes: rechts und links 0, in der Mitte 90.

NB. Zu achten ist nur, daß bei festgestellter Pollage (also c-Achse / / Tubusachse) dann umgekehrt gezählt wird: in der Mitte 0 °, rechts und links 90 °. Bei Äquatorlagen gilt das früher Gesagte.

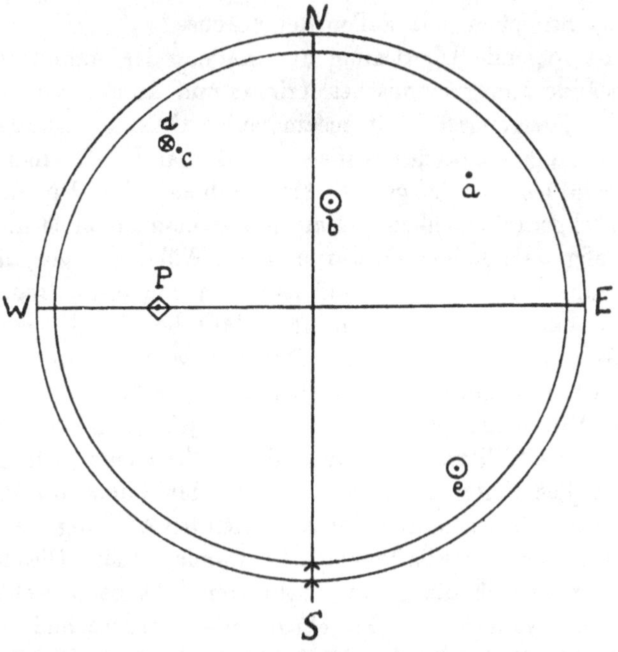

Fig. 2.

Astronomisches Azimut und Azimut der Ausgangsstellung von A_1 fallen also zusammen. Nun kann man unter dieser Voraussetzung gleich folgendes vornehmen: man bezeichnet das Ausgangssignal (oberer Pfeil) zugleich als Südsignal (unterer Pfeil). Dann ist N oben, W rechts und E links.

Jetzt wird zuerst der Projektionsort der Fläche, ausgedrückt durch deren Normale, eingetragen. Es ist in Fig. 2 Punkt P (über die Auftragung und Normierung des Netzes siehe meine Ausführungen über die Darstellung von Klüften).

Man hat nun die c-Achse eines Quarzkornes oder irgendeines anderen einachsigen Minerals eingemessen. Die Messung ergab:

$A_1 = 40^0$ (Azimut),
$A_2 = 30^0$, Äquatorlage, rechts (Polhöhe).

Die Auftragung ergibt den Punkt a in Fig. 2[1]) (in dieser Figur ist das Oleat wieder in seine Ausgangsstellung zurückgedreht). Dieser Punkt a ist also der Projektionsort der c-Achse, bezogen auf die Schliff-lage im U. T.-System.

Wie aber liegt der Punkt in seiner natürlichen Lage oder kurz: Wie ist das Streichen und Fallen der c-Achse?

Nun ist folgende Überlegung anzustellen: das Azimut hatte man ja nicht geändert (astronomisches Azimut und Azimut von Limbus A_1 fielen in der Ausgangsstellung zusammen). Geändert wurde aber die Polhöhe im Augenblick des Auflegens auf den U. T.: hierbei wurde doch der Schliff horizontal gelegt. Man muß sich ihn also entsprechend wieder zurückgedreht denken. Dazu nimmt man die auch in der Mineralogie häufig verwendete Operation der „Wälzung" vor, denkt sich also die ganze Kugel gedreht, und zwar um den Fallbetrag.

Die Projektion der Flächennormale fällt bei der Ausgangsstellung vor der Messung in den Netzmittelpunkt, bzw. in naturgetreuer Lage ist es der in Fig. 2 angegebene Projektionsort der Fläche. Beide Punkte stellen also Durchstichspunkte bzw. ihre Projektionen von der unteren Halbkugel dar. Will man sich aber die Fläche zurückgedreht denken, so bedeutet dies weiter nichts, als ob man den Punkt im Mittelpunkt des Netzes (also Projektionsort der Normalen bei Ausgangsstellung) nach dem Projektionsort der Flächennormalen wandern läßt. Dies findet aber statt, wenn man sich die ganze Kugel von links nach rechts gedreht denkt. Dann wandern die Projektionsorte entsprechend von rechts nach links. Die Wälzachse ist also in diesem Falle die N—S-Richtung. Man denke sich also um diese Achse die Kugel von links nach rechts gedreht, und zwar um den Fallbetrag (50^0). Dann wandert der Punkt a auf einem Kleinkreis von rechts nach links und gelangt an Punkt b. Dieser Punkt ist nun der gesuchte Projektionsort der c-Achse in ihrer naturgetreuen tektonischen Lage, also durch Streichen und Fallen ausgedrückt.

---

[1]) Allen Figuren ist das Netz zugrunde gelegt, welches SANDER (1926) abbildet. Man braucht sich von den Figuren nur die Punkte auf ein Oleat zu übertragen und kann dann an der zitierten Abbildung die beschriebenen Operationen vornehmen.

Ein anderes Beispiel. Bei gleichem Streichen und Fallen der Schlifffläche ergab die Messung:

$A_1 = 130^{0}$.

$A_2 = 20^{0}$ Äquatorlage links.

Projektion: Punkt c in Fig. 2.

Wieder dreht man das Oleat zur Ausgangsstellung zurück, um die Wälzung vornehmen zu können. Die Kugel wird also von links nach rechts gedreht, so daß alle Projektionsorte entgegengesetzt, von rechts nach links wandern. Also alles wie vorher. Nun sei der Weg von Punkt c verfolgt. Er wandert also auf einem Kleinkreis nach links, und zwar um 50°. Nach 30° hat er den Rand erreicht, d. h. nichts anderes, als daß die c-Achse nun horizontal liegt. Dreht man weiter, so rückt der Punkt, der bisher doch auf der unteren Halbkugel lag, auf die obere Halbkugel. Der Sehpunkt ist aber doch oben: bei dieser Lage fallen aber alle Projektionsorte der oberen Halbkugel außerhalb des Grundkreises, gelangen also nicht auf dem Netz zur Darstellung. Sie fallen aber so weit außerhalb des Grundkreises, als sie innerhalb fallen würden, wenn man sich den Sehpunkt unten gelegt dächte. Kurz gesagt heißt dies aber: sobald der Punkt den Rand erreicht hat, gelangt er auf die obere Halbkugel. Man kann sich ihn dann um denselben Betrag in das Innere der Kreisfläche bei unten gelegenem Sehpunkt gewandert denken, als er nach außen wandern würde (bei oben gelegenem Sehpunkt). Im vorliegenden Falle betrug der Abstand zum Rande 30°, es fehlen also noch 20°. Diese hat man nun entsprechend wieder zurückzuzählen und gelangt zum Punkte d. Der nützt aber nichts: es ist doch ein Projektionspunkt der oberen Halbkugel. Man muß also diametral gehen, wo der Durchstichspunkt der unteren Halbkugel liegt. Beide haben einen Abstand von 180°. Man bekommt diesen gesuchten Punkt, indem man das Oleat so dreht, daß Punkt d auf eine der beiden Haupttracen des Netzes zu liegen kommt. Hier sieht man, daß der Abstand vom Rande 13° beträgt. Denselben Betrag zähle man auf der anderen Seite ab und gelangt zum Punkt e. Dieser ist nun der gesuchte Punkt, der Projektionsort der c-Achse in naturgetreuer Lage.

Merkregel: Wenn der Projektionsort der Fläche in der linken Hälfte des Netzes liegt, so muß man sich die Kugel bei der Wälzung von links nach rechts gedreht denken. Hierbei wandern die Projektionsorte auf der unteren Halbkugel von rechts nach links.

Bis jetzt fielen in der Ausgangsstellung die schon mehrfach genannten Azimute zusammen. Nun sei aber folgender Fall genommen: die Schliffläche streiche 120° (= N 60 W) und falle 70 NE.

Zunächst wird man wieder das Oleat mit einem schwarzen Pfeil versehen: 0-Bezugspunkt zur Auftragung der U. T.-Azimute. Wie liegt diesem gegenüber der Südpunkt? Man muß sich dabei überlegen, in welchem Sinne der Schliff beim Auflegen auf den U. T. gegenüber dem 0-Punkt vom Limbus A_1 gedreht wird. Wiederum ist weiter darauf zu achten, daß man das Schleifstück so aufkittet, daß die Streichrichtung / / der langen Kante des Objektträgers ist. Die Richtung wird markiert, also wie dies Fig. 3 zeigt.

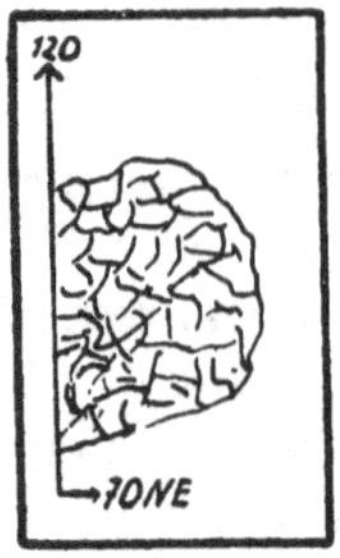

Fig. 3.

Bei dem Auflegen des Schliffes geschieht doch folgendes: der Schliff wird gegenüber seiner ursprünglichen Lage gedreht, hier also um 60° von links nach rechts (man bleibe wieder bei der alten Regel für die Kompaßablesung: N voran!). Mit dieser Drehung dreht man aber die N—S-Richtung doch auch um den entsprechenden Betrag. Also gegenüber dem 0 des Limbus A_1 (dem Pfeil bei w in Fig. 4) ebenfalls.

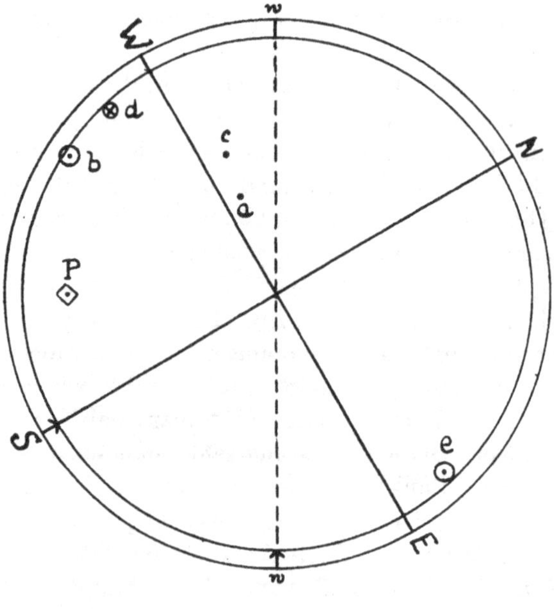

Fig. 4.

Man muß daher, um den Südpunkt zu bekommen, von dem 0° des Limbus A_1 um 60° nach links abzählen. Darauf errichtet man die astronomische Orientierung (in schwarz ausgezogen, Fig. 4).

Anmerkung: Will man sich die Verhältnisse auf dem U. T. veranschaulichen, so nimmt man die Achse A_3 noch zur Hilfe. Mittels dieser dreht man sich den Schliff in die astronomische Orientierung. Man kann den Weg, den die aufgekittete Nadel, welche die Achse darstellen soll, zurücklegt, gut verfolgen.

Wiederum trägt man sich nun zuerst den Flächenpol auf (Punkt P in Fig. 4). Eine Messung soll nun ergeben:

$A_1 = 110^0$.

$A_2 = 35^0$ Pollage links.

Projektionsort: Punkt a in Fig. 4.

Um zur tatsächlichen Lage dieser gemessenen Achse zu gelangen, muß man zunächst das richtige Azimut herstellen. Das Oleat muß also wieder so weit zurückgedreht werden, bis das Signal für die Azimutalablesung in Ausgangsstellung steht (Fig. 4). Damit liegt der Pol der Schlifffläche gegenüber dem Beschauer auf dem Äquator der Projektion, und zwar in der linken Hälfte. Wälzachse ist also die Senkrechte, die auf der Verbindung Flächenpol-Mittelpunkt steht (in Fig. 4 die Linie w—w). Man muß sich die Kugel wieder von links nach rechts gedreht denken, damit der Mittelpunkt (Projektionspunkt der Flächennormale in der Ausgangsstellung auf dem U. T.) nach dem Flächenpol wandert. Punkt a wandert also entgegengesetzt, d. h. auf einem Kleinkreis und man kommt zu Punkt b (Abstand 70^0 = Fallbetrag). Punkt b ist also der gesuchte Punkt.

Eine andere Messung ergab:

$A_1 = 110^0$.

$A_2 = 50^0$ Pollage links.

Projektionsort: Punkt c in Fig. 4.

Wieder wird das Oleat so weit zurückgedreht, daß die Wälzung vorgenommen werden kann, also auf Azimut 0. Punkt c fällt also bei der Wälzung um 70^0 aber schon außerhalb des Grundkreises bzw. erscheint als oberer Durchstichspunkt in gleichem Abstand innerhalb des Kreises (Punkt d). Man muß also wieder den unteren Durchstichspunkt nach der schon angeführten Art suchen. Es ist Punkt e in Fig. 4, der nun die naturgetreue Lage der c-Achse gibt.

Eine weitere Messung soll folgendes ergeben:

$A_1 = 60^0$.

$A_2 = 0^0$ (Äquatorlage).

Projektionspunkte also a oder a′ in Fig. 5 (c-Achse liegt horizontal!).

Nehmen wir zuerst Punkt a vor. Das Oleat ist so zurückgedreht, daß man die Wälzung wieder vornehmen kann. Diese erfolgt von links nach rechts. Punkt a liegt am Rand, bei der Wälzung (Wälzachse w—w) gelangt er aber auf die obere Halbkugel, seine Projektion fällt also außerhalb des Grundkreises. Er wandert also auf der Oberseite um den Drehungsbetrag, also 70 °, und erreicht den Punkt b. Da dieser aber auf der oberen Halbkugel liegt, muß man den zugehörigen Durchstichspunkt auf der unteren Halbkugel suchen. Dies ist Punkt c.

Nun a′. Bei der Wälzung muß er, wie man sich leicht überzeugen kann, auf der unteren Halbkugel bleiben. Er gelangt ebenfalls an Punkt c.

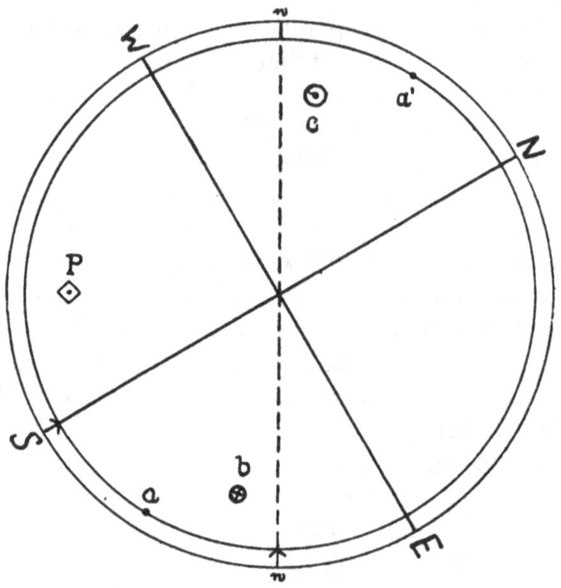

Fig. 5.

Woraus übrigens zu ersehen ist, daß die angestellten Überlegungen richtig sind.

Es ist nicht nötig, weitere Fälle zu erörtern. Man merke sich nur folgendes: Wenn der Flächenpol in die rechte Netzhälfte fällt, so muß man die Wälzung von rechts nach links vornehmen, d. h. die Projektionspunkte auf der unteren Halbkugel wandern von links nach rechts. Das wäre als zweite Merkregel anzufügen.

Man muß sich auf das Oleat natürlich die beiden verschiedenen Punktarten mit verschiedenen Farben auftragen. Beide werden dann für sich allein ausgezählt und in getrennten Diagrammen dargestellt.

Hat man z. B., was sehr häufig vorkommt, den Fall, daß man von einem Gestein Schliffe in drei bestimmten Lagen durchmessen muß, so genügt es, bei einer Messung das naturgetreue Lagebild anzufertigen. Bei den anderen muß es natürlich dasselbe sein.[1])

Es bleibt mir noch zum Schluß die angenehme Pflicht, Herrn Kollegen Ernst vom hiesigen mineralogischen Institute für seine weitgehende Unterstützung bei der Lösung obiger Fragen herzlich zu danken.

Literatur.

1924. Becke, F.: Struktur und Klüftung. — Fortschritte der Mineralogie usw. Bd. IX.

1925. Schmidt, W.: Gefügestatistik. Tschermaks petrographische Mitteilungen. Festband F. Becke.

1926 a. Sander, B.: Rückblick auf die Entwicklung einiger Begriffe der neueren Gesteinskunde. — Geologisches Archiv (mit ausführlicher Literatur).

1926 b. Sander, B.: Zur petrographisch-tektonischen Analyse. III. Teil. Jahrb. der geol. Bundesanstalt. Bd. 76 Heft 3/4.

1926. Schmidt, W.: Gefügesymmetrie und Tektonik. Jahrb. der geol. Bundesanstalt. Bd. 76.

[1]) Sofern natürlich alle drei Schliffe einem homogen geregelten Bereiche entstammen.

Kolibri 360 GmbH
Ferdinand-Jühlke-Straße 7
99095 Erfurt, Deutschland
produktsicherheit@kolibri360.de